**Bibliografische Information der Deutschen Nationalbibliothek:**

Die Deutsche Bibliothek verzeichnet diese Publikation in der Deutschen National-
bibliografie; detaillierte bibliografische Daten sind im Internet über http://dnb.d-
nb.de/ abrufbar.



**Impressum:**

Copyright © 2009 GRIN Verlag, Open Publishing GmbH
Druck und Bindung: Books on Demand GmbH, Norderstedt Germany
ISBN: 9783640509614

**Dieses Buch bei GRIN:**

http://www.grin.com/de/e-book/142312/geschichtlicher-ueberblick-zur-entwicklung-
der-metallbearbeitung

Wolfgang Piersig

# Geschichtlicher Überblick zur Entwicklung der Metallbearbeitung

## Beitrag zur Technikgeschichte (8)

GRIN Verlag

# Geschichtlicher Überblick

## zur

## Entwicklung der Metallbearbeitung.

.

## Beitrag zur Technikgeschichte (8).

Dr.-Ing. Wolfgang Piersig

.

Berg- und Adam-Ries-Stadt Annaberg-Buchholz im Dezember 2009

—

Geburtsstadt von Emil Heyn.

# Inhaltsverzeichnis.

## Vorwort.

Bekannterweise wird als Metallverarbeitung die Herstellung und Bearbeitung geformter Werkstücke aus Metallen nach vorgegebenen geometrischen Bestimmungsgrößen (unter Einhaltung bestimmter Toleranzen und Oberflächengüten) und deren Zusammenbau zu funktionsfähigen Erzeugnissen bezeichnet. Die Metallverarbeitung ist also ein Teilbereich der Fertigungstechnik.

Geläufig wird die Metallverarbeitung in den unterschiedlichsten Sparten von Industrie und Handwerk von der Schmuckherstellung über den Werkzeug- und Formenbau bis zum Fahrzeugbau, Maschinenbau, Schiffbau und Brückenbau betrieben.

Unterschieden wird nach spanabhebenden (Bohren, Drehen, Fräsen, Schleifen, Sägen, Gewindeschneiden, Gravieren, Stanzen, Ätzen, etc.), nicht spanabhebenden (Schmieden, Biegen, Walzen, Ziehen, Prägen, Punzieren, Treiben, Gießen, etc.) und verbindenden (Schweißen, Löten, Kleben, etc.) Verfahren der Metallverarbeitung oder nach der Art des Metalls (z. B. Schwermetall, Leichtmetall, Nichteisenmetall und Edelmetall).

Auf dies geht die vorliegende Arbeit ein und vermittelt Anwendungsbeispiele von den Anfängen der Materialbearbeitung bis hin zu den modernen elektrotechnologischen Metallbearbeitungsverfahren.

## Geschichtlicher Überblick zur Entwicklung der Metallbearbeitung.

Das absolute Alter der geschickten Werkstoffbearbeitung wird auf etwa 2 bis 2,6 Millionen Jahre geschätzt. Hingegen liegt die Geburt der meisten metallischen sowie daraus gefertigter Werkzeuge in der Zeit zwischen dem 8. und 6. Jahrtausend v. u. Z.

Erster Werkstoff für Werkzeuge war der Stein, danach wurden Werkzeuge aus den Werkstoffen Bronze und Eisen gefertigt. Die Entwicklungsgeschichte, besonders die der Werkstoffbearbeitung, wird in Werkstoff bestimmende Zeitabschnitte gegliedert, wie „Steinzeit", Bronzezeit", „Eisenzeit".

Die Metallbearbeitung in der Periode der Herausbildung und Entwicklung der gesellschaftlichen Produktion, d. h. von den ältesten Zeiten bis zum Ende des 4. Jahrtausends v. u. Z. und in der Periode der Entstehung und Herausbildung der Handwerksproduktion, also vom 4. Jahrtausend v. u. Z. bis zum 5. Jahrhundert u. Z. erfolgt mit sehr einfachen Geräten.

Es waren unter anderem folgende Arbeitsmittel: zuerst Faustkeile, Steinhämmer und Steinsägen, später Ahlen, Nadeln, Klingen, Schaber, Keile, Meißel, Hämmer, Dorne, Bohrer, Zangen, Sägen, Gesenke aus Kupfer, Bronze, Eisen und Stahl.

Als Metallbearbeitungsverfahren und Materialverarbeitungstechniken waren unter anderem verbreitet: Schmelzen, Gießen, Schmieden, Pressen, Prägen, Gravieren, Zisilieren, Punzen, Löten, Ziehen, Versilbern, Vergolden, Rollen, Nieten, Treiben, Lochen, Stanzen, Trennen, Schleifen.

In einer Zeittafel mit dem Titel: „Werkstoffe und Werkzeuge sowie Materialbearbeitungsverfahren bzw. -techniken in der Zeit vom Anbeginn bis zum fünften Jahrhundert unserer Zeitrechnung" wird dies an Hand einer Auswahl von Werkstoffen, Werkzeugen und Metallbearbeitungsverfahren bzw. -techniken, basierend auf dem am Ende des Artikels angegebenen Schrifttum, weiter untersetzt.

Daraus ist zu ersehen, daß die Verwendung von Metallen für Werkzeuge zunächst eine untergeordnete Bedeutung hatte. Aus der Verknüpfung von Erz bzw. Metall und Feuer konnte sich die Überlegenheit des Metallwerkzeuges durchsetzen. Die Schmiede der frühen Eisenzeit mussten trotzdem einen mühevollen Weg gehen, um zu einem einsatzfähigen Werkzeug, zum Beispiel einer Axt aus Eisen zu kommen. Ausdruck für das relativ hohe Niveau der Handwerkstechniken und der Materialbearbeitung im Altertum sind die sieben Bau- und Kunstwerke der antiken Welt, die „Sieben Weltwunder".

Beispielgebend für das große Können der Schmiede des Altertums, besonders der im Vorderen und Mittleren Orient sowie im Fernen Osten, ist die Herstellung von Damaszener Stahl.

Von nicht geringerer Bedeutung ist die Fertigung der eisernen Säule von Delhi (Kutubsäule).

Sie ist ein eindruckvolles Zeugnis der metallurgischen Fähigkeiten und der Schmiedekunst der Hindu. Die Gesamthöhe dieser Säule beträgt 7,3 Meter; sie hat eine Masse von 6,5 Tonnen. Ihr Durchmesser beträgt am Unterteil 416 Millimeter und verjüngt sich auf 295 Millimeter am Oberteil. Sie besteht aus 99,17 Prozent reinem Eisen; der Phosphorgehalt beträgt 0,114 Prozent und der Schwefelgehalt nur 0,006 Prozent. Dies zählt auch heute noch als metallurgische Spitzenleistung.

Während der Periode der sich entwickelnden Handwerksproduktion, die Zeit vom 5. bis 15. Jahrhundert, entwickelten sich vornehmlich die Bronze- und Eisengießerei sowie die Schmiedekunst.

Auf dem Gebiet der Werkstoffbearbeitung zeichneten sich erst nach dem 13./14. Jahrhundert Fortschritte in der Produktivität dieser Verfahren ab. So entstanden erste, mechanische Drathziehvorrichtungen, wie sie in dem von dem hervorragenden italienischen Metallurgen Vanuccio Biringuccio (1480 bis 1539?) verfassten Werk „Della pirotechnica Libri X, delle minere e metalli" dargestellt ist, wo ein Wasserrad eine Kurbel antreibt, die bei jeder zweiten halben Umdrehung den Draht durch eine Ziehplatte zieht.

Bis zur Renaissance hatten sich die Metallbearbeitungstechniken in einer sehr großen Vielfalt entwickelt, wofür die Berufsspezialisierung der Metallbearbeitung bezeichnend ist.

Einen großen Anteil an der Vervollkommnung vieler Metallbearbeitungsinstrumente hat der Renaissance-Ingenieur Leonardo da Vinci (1852 bis 1519) mit seinen Entwürfen für Bohrmaschinen, Pressen, Hammer- und Walzwerke, Schleifmaschinen, Einrichtungen zum Feilenhauen, Bohren, Zylinderbearbeiten. Eine Realisierung dieser Vorschläge erfolgte aber erst ab Mitte der Periode der Manufakturproduktion (15. bis erste Hälfte des 18. Jahrhunderts).

Über diese Verbesserungen schrieb auch schon Vannoccio Biringuccio in seiner "Pyrotechnica" (1540) – in deutscher Übersetzung: „Die zehn Bücher von der Feuerwerkskunst, in denen ausführlich alle verschiedenen Erzarten behandelt sind sowie auch, was zu ihrer Bearbeitung gehört, ferner, was das Schmelzen, oder Gießen der Metalle anbetrifft, und alles, was dem verwandt." - und Georgius Agricola (1494 bis 1555) in seinem Hauptwerk „De re metallica" (1556) – in deutscher Übersetzung: „Die zwölf Bücher vom Berg- und Hüttenwesen.".

Die „Pirotecnica" ist das erste der Metallurgie gewidmete Buch überhaupt. In ihr findet man auch die erste genaue Beschreibung von der Farbänderung beim Härten von Stahl. Dieses Werk widerspiegelt zusammenfassend, gleichsam enzyklopädisch, den Stand der angewandten Naturwissenschaften und der Technik seiner Zeit.

Die „De re metallica" ist nach Bernal wahrscheinlich die beste jemals verfasste technische Abhandlung, da darin nicht nur Minerale und Metalle beschrieben, sondern auch die Praxis und Ökonomie des Bergbaus betrachtet werden.

Sowohl Agricola wie auch Biringuccio gelten als diejenigen Schriftsteller, deren Werke das Fundament der metallurgischen Wissenschaft gelegt haben.

Und für die Periode der Herausbildung der mechanischen Produktion, d. h. die zweite Hälfte des 18. Jahrhunderts bis in die 70er Jahre des 19. Jahrhunderts, wurde durch die Nutzung der Dampfmaschine die Antriebstechnik allerorts revolutioniert, kurz gesagt: an die Stelle der „Muskelkraft" trat die „Maschinenkraft".

An den Maschinenbau war damit die Forderung gestellt, neue, größere und leistungsstärkere Maschinen zu bauen und von der Metallbearbeitung wurde gleichzeitig eine erhöhte Präzision gefordert.

Anfänglich (1760) lagen die Zylindertoleranzen nach der Bearbeitung bei Fingerdicke. John Wilkinson erreichte 1775 auf seinem Ausbohrwerk für eine Lichte Weite von 1270 Millimeter Toleranzen von der Dicke eines alten Schillingstückes. Hundert Jahre später gestatten zum Beispiel Whitworths (1803-1887) Meßeinrichtungen auf hundertstel bzw. tausendstel Millimeter und um 1885 sogar hunderttausendstel zu messen.

Das letzte Drittel des 19. Jahrhunderts und das erste Drittel des 20. Jahrhunderts waren gekennzeichnet durch die technische Vervollkommnung der klassischen Methoden der Werkstoffbearbeitung. Herauszustellende Leistungen der Metallbe- und Verarbeitungstechniken nach 1850 bis in die Mitte des 20. Jahrhunderts waren meist auf Weltausstellungen (erstmals 1851 in London) zu sehen.

Mit Beginn des 20. Jahrhunderts erfolgte im Maschinenbau zum Beispiel die Werkstoffbearbeitung ausschließlich noch durch spanende Metallbearbeitungsverfahren: Drehmaschinen 44 Prozent, Hobel-, Stoß- und Fräsmaschinen 15 Prozent sowie Schleif-, Schraubenschneidmaschinen und dergleichen 20 Prozent.

Der Begriff „Fertigungstechnik" setzte sich ab 1920 mehr und mehr durch. Grundlage dafür bildete auch die Ausstrahlung des 1904 in Berlin begründeten ersten fertigungstechnischen Lehrstuhl Deutschlands, des Ordinariat für „Werkzeugmaschinen und Fabrikbetriebe". Er begründete damit auch die Technikwissenschaft „Fertigungstechnik".

Eine erste Verfahrensgliederung ist im VDI-Jahrbuch von 1936 enthalten, wobei die „Fertigung" in spanende und spanlose Formung sowie Form bindende, Oberflächen behandelnde und Gefüge verändernde Arbeitsverfahren aufgegliedert wird.

Nach dem 2. Weltkrieg kam es besonders zur Entwicklung der unter dem Begriff „Elektrotechnologien" bekannten progressiven Fertigungsverfahren, wie elektrothermische Verfahren, Elektrostrahlverfahren, elektrochemische Verfahren, elektromechanische Verfahren (Tafel 2: Übersicht über elektrotechnologische Verfahren). Die Grundvoraussetzungen dieser Bearbeitungsverfahren schuf vor über 170 Jahren Michael Faraday (1791 bis 1867) in den Jahren 1833/1834 durch seine Arbeiten auf dem Gebiet der Stoffumsetzung bei Elektrolysevorgängen („Faraday Gesetze").

Und mit den aufgenommenen Thesen zur elektrochemischen Metallbearbeitung (ECM) und zu den elektrotechnologischen Kombinationsverfahren (EC-KV), Seiten __ bis __, sollen die nachhaltige Einflussnahme in der modernen Metallfertigung herausgestellt werden.

**Werkstoffe, Werkzeuge, Materialbearbeitungsverfahren bzw. -techniken vom Anbeginn bis in das zwanzigste Jahrhundert unserer Zeitrechnung.**

---

<u>v. u. Z.:</u>

100 000 Verwendung von rohen Steinwerkzeugen, ersten primitiven
        Hilfsmitteln,
bis 50 000 Haushaltgeräten und Jagdwaffen
nach 40 000 Verwendung von bearbeiteten Steinwerkzeugen und ersten Beilen beginnt
um 20 000 Steinsägen treten auf
um 18 000 Knochennadeln werden eingesetzt
um 10 000 gediegene Kupferperle datiert den Beginn der Metallnutzung
vor 8 000 Steinhämmer mit Stiel werden geschaffen
8 000 bis 6 000 Bearbeitung der gediegenen Metall Gold, Silber, Kupfer setzt ein
etwa 5 000 Beginn der der Kupfermetallurgie in Vorderasien
6 000 bis 4 000 Schmelzen, Gießen, Schmieden kommt auf, Eisenperlen, Eisenamulette,
        Eisenmesserklingen werden gefertigt
um 4 000 Hartlöten in Ägypten und Mesopotamien in Anwendung,
        primitive Kupferäxte kennen die Ägypter, Eisen etabliert sich bei ihnen
        und im sumerischen Ur
3 745 Golddrahtherstellung ist im Orient bekannt
um 3 500 Schmelzschweißen von Blei ist bekannt, Nägel werden benutzt und
        Pflüge sind im Einsatz
um 3 400 in Ur wird Hartlöten beherrscht, Bleilöten in der El-Obeid-Kultur
        breitet sich aus
um 3 000 Fiedel-Drehbank, Bronze-Werkzeuge, z. B. Keile (Ägypten), Sichern
        (Vorderer Orient), Bronze-Waffen (weit verbreitet) sind in Anwendung,
        Kaltbearbeitung von Meteoreisen kommt auf
2 800 Ketten werden gefertigt (Ägypten), älteste Lötung einer Sibervase
2 650 Grabeinlagen der Prinzessin Schubad bestätigen hohe Kunst der Gold-
        und Silberschmiede für reine Metalle und ihre Legierungen
2 600 Schatz des Priamos weist glanzvolle Leistungen der Schmiedetechnik
        an einem Diadem mit 12 271 gelöteten Kettengliedern und über 4 000
        goldenen Blättern nach
um 2 500-2 000 Beginn der Eisengewinnung, Einsatz des Blasebalges fängt an,
        Weichlöten von Gold, Silber, Kupfer und Bronze wird beherrscht
um 2 000 Feuer- oder Hammerschweißen bei der Eisenbearbeitung beginnt
um 1 500 Schmiede verwenden Hammerschweißung (Kleinasien)
um 1 470/1 475 älteste Abbildung für fortgeschrittenen Blasebalg entsteht, Nachweis ist
        Wandmalerei im Grab des ägyptischen Stadthalters Rekhmara
um 1 340 Eisendolche werden poliert
1 200 bis 900 Eisen wird wohlfeilstes Metall und beginnt die Bronze zu besiegen
1 000 Stahl wird zuerst im Orient bekannt, Indischer Wutzstahl wird zu
        Schwertern verarbeitet

---

Tafel 1: Werkstoffe, Werkzeuge, Materialbearbeitungsverfahren bzw. -techniken vom Anbeginn bis in das zwanzigste Jahrhundert unserer Zeitrechnung.

um 800 Wikinger stellen Kettenhemden her, Erzgießer Glaukos von Chios
erfand Schweißen von Eisen nach Herodots, Pausanias (um 450 v. u. Z.)

722/705 Eisenschatz des Königs Sargon II, Großkönig von Babylon, Assyrien
wächst in der Palaststadt Dur-Scharrukin auf 160 000 Kilogramm, u. a.
gehören feuergeschweißte eiserne Ketten dazu

700 Feilen sind bekannt, erste Münzprägungen beginnen (Türkei)

669 Eisenlöten wird erfunden

um 600/580 „Hängende Gärten der Semiramis", eines der sieben Weltwunder der
Antike erhalten geschweißte Bleibehälter

525 Römer führen die Fesselkette ein

500 Scheren werden genutzt (Griechenland),
Eisengewinnung, -bearbeitung und –verwendung breitet sich auch über
ganz Europa aus, Werkzeugverbesserungen beim Schmieden und in der
Metallbearbeitung treten auf

um 280 Koloss von Rhodos (Weltwunder der Antike), Höhe: 36 m, Masse 200 t
mit eisernem Stützgerüst errichteten Schmiede der Rhodier

Nach 100 Quintus Curtius Rufus berichtet über die Wertschätzung des indischen
Stahls durch die Römer

79 feuergeschweißte Rohrleitung existiert in Pompeji

56 Cäsar erwähnt eiserne Ankerketten der Veneter

42/37 Prunkbarke des römischen Kaisers Tiberius besaß feuergeschweißten
414 kg Anker

---

<u>u. Z.:</u>

Gewinnen und Bearbeiten von Eisen, Stahl, Bronze, Gold, Silber,
Kupfer, Blei, Zinn, Antimon, Zink und Messing ist allen bedeutenden
Kulturvölkern bekannt;
Zu den angewendeten Metallbearbeitungsverfahren gehören:
Schmelzschweißen (Blei),
Aufgießschweißen (Bronze),
Kaltpressschweißen (Gold),
Feuer- oder Hammerschweißen (Eisen und Stahl),
Hart- und Weichlöten (alle bekannten Metalle).

um 50 feuergeschweißter Anker der Prunkbarke des römischen Kaisers
Tiberius wird bekannt

um 370 Eisensäule von Kutub (heute Delhi) wird geschaffen

600/800 Langobardenkreuze, geschnitten aus Goldblech, mit gepressten
Ornamenten reich verziert und eiserne Kronen werden angefertigt

8. Jh. (um 770) Unbekannter schafft in Karolingerzeit den Tassilo-Kelch (Salzburg)

um 1000 meisterhaft ausgeführter, prachtvoller Hiddensee Schatz entsteht

nach 1000/1300 Zunftbildung, Übergang von häuslicher Produktion - Zunfthandwerk

1122 Der Mönch Theophilus (Roger von Helmarshausen) beschreibt in der
„Schedula diversarum artium" das Löten und einen Lötkolben.

um 1200 Nicolaus von Verdun schafft die weltberühmte Treib- und
Ziselierarbeit „Dreikönigsschrein" im Kölner Dom

um 1350 geschweißte Geschützrohre sind in Anwendung,
Raffinierstahl durch Verschweißen von „hartem" Holzkohlenstahl mit „weichem" Schweißstahl erfolgt

um 1360 – 1400 Zunftordnung der Gold- und Schwertschmiede legt Qualitätsmerkmale fest

1382 „Dulle Griete" von Gent wird aus 32 schmiedeeisernen Barren zu einem fünf Meter langen Geschützrohr mit Pulverkammer verschweißt und 41 Eisenringen verlötet, Gesamtmasse: 40 000 kg, Kaliber 89 cm

um 1430 einfache Walzwerke werden eingesetzt

1476 Handbuch der Mendelschen Zwölfbrüderstiftung zeigt Messerer

12.10.1492 Christoph Kolumbus geht auf der Bahama-Insel Guanahani (San Salvador) u. a. mit schmiedeeisernen Gerätschaften, Messern, Beilen, Nägeln an Land

1497 A. Dürer zeichnet in Betrieb gekommene Eisenwalz- und Schneidwerk

um 1505 Leonardo da Vinci entwirft u. a. Vorrichtungen zum Schweißen von Bleidächern und Rohren

1532 E. Hessus berichtet über das Auswalzen von Eisenluppen zu Streifen auf Eisenwalzwerken

1540 Vanuccio Biringuccio beschreibt in seinem Buch „Pirotechnica" das Feuerschweißen

1556 zwölfbändiges Werk „De re metallica" von Georgius Agricola erscheint mit Thesen u. a. zur Metallformung und zum Schmieden

1591 Herzog Johann von Braunschweig läßt Riesengeschütz (Länge: 11,6 m, Masse: 10 000 kg) aus 2041 geschweißten Teilen schmieden, bohren

1605 Kunst, Eisen in Formen zu walzen begann nach J. Her wahrscheinlich

um 1608 J. Her verfasst „Bericht des Druck- und Schneidwerks uff der hütten zu Assclar" und überliefert die Arbeitsweise an diesen Walzanlagen

1619 erste Versuche, Roheisen mittels Steinkohle erfolgen von D. Dudley

1672 Entdeckung des elektrischen Funkens durch G. W. Leibnitz

1714 bis 1717 Johann Jacob Anthoni liefert die Holzmodell für die Treibarbeiten für den Herkules auf der Wilhelmshöhe bei Kassel

1723 R.-A. F. de Réaumur beschreibt Schmiedearbeiten sehr großer Anker

1728 Fleur (Frankreich) berichtet über das Kalieberwalzwerk

1733 bis 1736 Ludwig Wiedemann, Augsburger Kupferschmied, schafft bedeutendes in Kupfer getriebenes Denkmal, die Reiterstatue August des Starken

1734 älteste Abbildung einer Eisenschneidmühle bei Lüttich entsteht

1735 Erzeugung von Roheisen mittel Steinkohle durch A. Darby gelingt

1740 Erzeugung von Gußstahl im Tiegel durch B. Huntsman erfolgt

1766 J. Beckmann berichtet über einen Versuch von J. K. Wilcke, bei dem durch Kondensatorenentladung Flintkugeln miteinander verschweißten

1775/1783 nordamerikanische Kettenschmiede fertigen Sperrketten (bis 457 m, 180 t) zum Beziehen der Seehäfen, Straßen im Unabhängigkeitskrieg

1782 G. Ch. Lichtenberg schweißt mittels der „künstlichen Elektrizität" eine Uhrfeder mit einer Messerklinge zusammen

1783 H. Cort regt bereits in seinem Patent für Herstellung. Schweißen und Verarbeitung von Eisen das Auswalzen der Luppen an

1784 Puddelverfahren zur Erzeugung schmiedbaren Eisens gelingt H. Cort, J. Wilkinson stellt erstes brauchbares dampfbetriebenes Walzwerk in Bradey auf

1787 Marquard erfindet die „Schmelzlampe"

1790 erstes Blechwalzwerk entstand in England,
Th. Clifford baute erste Maschine zur Nägelherstellung

1796 J. Bramah (England) erhält erstes Paten auf eine hydraulische Presse

1797 Supportdrehbank mit Leitspindel entwickelt H. Maudslay

im 18. Jh. Johann Jakobi, Erzgießer, schafft nach Skizzen von Andreas Schlüter,
Bildhauer, letzte große Bronzearbeit, das Reitermonument von Kurfürst
Friedrich Wilhelm II. (1620 bis 1688)

1802 W. W. Petrow erzeugt einen elektrischen Lichtbogen

1804 R. Trevithick baut erste einsatzfähige Lokomotive

1812 H. Darby entdeckt elektrischen Lichtbogen und seine Ablenkbarkeit

1820 Alligatorquetsche mit Kurbelantrieb zum Luppenverdichten genutzt

1827 J. Birkinshaw in Bedlington das Walzen des Bandagenprofils ein

1828 in Deutschland wird das T-Profil gewalzt und verwendet

um 1830 Profilwalzen gewinnt mehr und mehr an Bedeutung

1834 theoretische Begründung der ECM-Technik durch Michael Faraday

1840 Luppenmühle zum Verdichten, „Zängen" der Luppen wird in den USA
erfunden

nach 1847 Chibon entwickelt Doppel-T-Träger

1849 R. Daelen schuf erste brauchbare, betriebsreife Konstruktion zum
Walzen von I-Trägern auf der Hermannshütte bei Hörde

1873 automatische Revolverdrehbank entwickelt Ch. M. Spencer

1825 C. Whithouse verbindet Rohrlängsnähte durch Stumpfpressschweißen

1838 E. Desbassayns de Richemont erfindet „Löth-Apparat" zum Löten
(Schweißen) von Bleiplatten ohne Zusatz, den „Soudure autogéne"

1839 J. Nasmyth (England) konstruiert den ersten Dampfhammer

1841 Einheitliches Gewindesystem von J. Whitworth wird eingeführt,
H. Rößler konstruiert Lötapparat für Bleirohre, -platten ohne Loteinsatz

vor bzw. 1842 Schneider in Le Creusot (Frankreich) erbaut (Nasmyth-)Dampfhammer

1845 J. Guest in Dowlais errichtet ersten 6000-kg-Luppenhammer

1849 W. E. Staite erwirbt britisches Patent zum Lichtbogenschweißen von
Metallen

1850 J. Hemberger erhält bayrisches Patent fürs Verschweißen von Eisen mit
Eisen oder anderen Metallen

um 1852 A. Krupp macht die Erfindung der nahtlosen Eisenbahnradbandagen

1856 Konverter zur Flussstahlerzeugung erfindet Henry Bessemer

1859 bis 1861 J. Haswell (Begründer des Lokomotivenbaus in Österreich) errichtet
erste Gesenkschmiede für Dampf-Lokomotiventeile

1861 Great-Northern-Bahn macht Schweißversuche mit Schienenstößen,
J. Haswell (Wien) schuf eine hydraulische Schmiedepresse,
Fa. Krupp (Essen) baut weltgrößten, den 50-Tonnen-Dampfhammer
„Fritz" (Hub 3.140 mm, Schabotte 100.000 kg, Bärmasse 50.000 kg)

1862 H. Saint-Claire Deville erschmilzt 125 kg Platinblock mittels Brenner,
L. A. Williams entwickelt die Elysiertechnik zur Praxisreife

1864 Siemens-Martin-Flussstahl-Verfahren wird von F. Siemens und
P. Martin erfunden

1867 Erfindung des elektrodynamischen Prinzips durch W. v. Siemens

1871 A. L. Holly (USA) Walzt große Blöcke mit Trio-Walzstraßen

1873 Ch. M. Spencer erfindet automatische Revolverdrehbank

1877 E. Thomson entdeckt elektrisches Widerstandsschweißen

1878 Flussstahl aus phosphorhaltigem Roheisen gelingt S. G. Thomas

1884 J. Whitworth  baute und nutzte erfolgreich eine hydraulische Presse

1885 Benardos, Olschewsky nehmen Patent für Kohlelichtbogenschweißung,
Thomson entwickelt erste Widerstandschweißmaschine, genietete
Stahlgerüste für Wolkenkratzer über 100 m entstehen in den USA,
M. und R. Mannesmann erfanden Schrägwalzen für nahtlose Rohre

1887 Benardos erfindet das Punktschweißen mit Kohleelektroden

1888 Universal-Brammenwalzwerk wird in Carnegie (USA) in Betrieb
genommen

1889 Fertigstellung des Eiffelturms, Höhe 1000 Fuß, bestehend aus: 18.038
Einzelteilen mit 7.000.000 Millionen Nietlochbohrungen, 2.500.000
geschlagenen Nieten, mit einer Gesamtmasse von 7.500 t;
Coffin macht Vorschlag, Glühschweißen (Widerstandsschweißen)
unter Vakuum oder unter Schutzgasatmosphäre durchzuführen

1890 M. Dewey benutzt ein „Elektrisches Schmiedefeuer"

1891 J. Fritz in Bethlehem (USA) erbaut 125-Tonnen-Hammer

1895 H. Goldschmidt erhält Patent zum Erhitzen von Kanten zum
Pressschweißen mittels aluminothermischen Reaktion

1899 Goldschmidt meldet das aluminothermische Schweißen als Patent an

1900 Colemann wendet elektrische Brennschneiden an

1901 H. Dräger gelingt mit „Knallgasbrenner" die erste Stahlschweißung

1905 Chubb erfindet das Bolzenschweißen mit Kondensatorentladung

1907 Erfindung des Buckelschweißens in den USA

1913 Erfindung des Abbrennstumpfschweißens

1924 M. Pirani und K. Schröter gelingt die elektrochemische Formgebung
von harten metallischen Gegenständen.

1928 V. N. Gusev, L. A. Rožkov geben wesentlichen Anstoß für die ECM

1929 erste geschweißte Straßenbrücke, Eisenbahnbrücke in Deutschland mit
15 m bzw. 10 m Spannweite und erste geschweißte Fachwerkbrücke
Europas bei Łowicz (nahe Warschau) mit 27 m Spannweite entstehen

1930 V. N. Gusev schafft Anwendungsvoraussetzung für die EC-Technik

1938 Knez entwickelt autogenes Pressschweißen

1941 AGA-Tiefschweißen wird eingeführt

1943 Lasarenko, Lasarenko: Patentanmeldung für „EDM electrical discharge
machining" (Funkenerosive Metallbearbeitung)

1944 Pulverbrennschneiden wird in den USA erfunden

1948 Entwicklung des SIGMA-Verfahrens in den USA erfolgt

1956 $I^2$RT-Verfahren, Unionarc-Schweißverfahren entstehen in den USA

1960 Plasmaschneiden von Aluminium gelingen

1965 Abbrennstumpfschweißmaschine mit 10 dm$^2$ wird in der BRD gebaut,
H. Kubeth optimiert den Abbildungsvorgang des EC-Senkens

1966 H. W. Heitmann optimiert Arbeitsbedingungen des EC-Senkens

1971 H. Wicht legt die Grundlagen für die modifizierte Elysiertechnik

1973 an Bord von Skylab (USA) erfolgen Schweiß- und Lötversuche

1976 an Bord von Salut 5 (UdSSR) - Lötversuche mit System „Rakete"

1980 H. Wicht schafft die Voraussetzungen für die elektrochemisch-
elektrochemisch-mechanische Metallbearbeitung (ECETMM)

1983 in Raumfähre Colombia erfolgen metallurgische Versuche
1984 im Orbitalkomplexes Salut 7 / Sojus T12 erfolgen Versuche zum
    Elektronenstrahlschweißen und Lötversuche im Orbit

## Übersicht über elektrotechnologische Verfahren.

<table>
<tr><td>

• Elektrothermische Verfahren:

      ▪ Widerstandserwärmung<br>
      ▪ Induktionserwärmung<br>
      ▪ Dielektrische Erwärmung<br>
      ▪ Lichtbogenerwärmung<br>
      ▪ funkenerosive Bearbeitung

</td></tr>
<tr><td>

• Elektrostrahl-Verfahren:

      ▪ Plasmaverfahren<br>
      ▪ Elektronenstrahlverfahren<br>
      ▪ Laserstrahlverfahren

</td></tr>
<tr><td>

• Elektrochemische Verfahren:

      ▪ galvanotechnische Verfahren<br>
      ▪ elektrophoretisches Abschneiden<br>
      ▪ elektrochemische Bearbeitung<br>
      ▪ Elektrolyseverfahren

</td></tr>
<tr><td>

• Elektromechanische Verfahren:

      ▪ Hochleistungsimpulsbearbeitung<br>
      ▪Ultraschallbearbeitung<br>
      ▪ elektrostatische Verfahren

</td></tr>
</table>

Tafel 2: Übersicht über elektrotechnologische Verfahren nach Conrad und Krampitz [18].

[18] Conrad, H.; Krampitz, R.: Elektrotechnologie, Berlin: VEB Verlag Technik 1983.

**Thesen zur elektrochemischen Metallbearbeitung (ECM) und zu den elektrotechnologischen Kombinationsverfahren (EC-KV)** [40, 41].

- Die elektrochemische Metallbearbeitung hat sich in relativ kurzer Zeit weltweit zum festen Bestandteil der Bearbeitungsverfahren in der metallbe- und –verarbeitenden Industrie entwickelt. Dabei haben sich diese unkonventionellen Verfahren der elektotechnologischen Abtrenntechnik, insbesondere der elektrochemischen (EC-) Bearbeitung, in der Materialbearbeitung und ihrer spezifischen Formgebung mehr und mehr bewährt.

- Diese Entwicklung wurde vor allem durch die stürmische Werkstoffentwicklung, ganz besonders in Richtung hochfester. Hochlegierter und harter Werkstoffe (speziell für den Flugzeug-, Kernreaktor- und Raketenbau) vorangetrieben,

- Im Hinblick auf die Erweiterung der Anwendungsmöglichkeiten sowie höherer Maß- und Formtreue bei der Bearbeitung komplizierter Werkstücke durch Elysieren sind die hydrodynamischen Aspekte beim konstruktiven Gestalten von Elysierkatoden als Voraussetzung zur Lösung der genannten Probleme von großer Bedeutung.

- Die Festigung der bereits in der Metallbearbeitung, insbesondere im Werkzeugbau, eingeführten Elysierverfahren, die Übertragung auch auf andere Bearbeitungsprobleme in der metallbe- und verarbeitenden Industrie erfordern eine zielgerichtete innovative Weiterentwicklung der elektrochemischen Metallbearbeitung.

- In dem Maße, wie es gelingt, die Maß- und Formgenauigkeit weiter zu verbessern, den Kaufpreis der Maschinen bzw. Bearbeitungszentren herabzusetzen und die Anlagen insgesamt zu vereinfachen, wird sich die Elysiertechnik nicht nur auf weitere Gebiete der Metallbearbeitung ausbreiten.

- Eines der wichtigsten Probleme der Elysiertechnik ist, daß eine Elektrolytlösung strömungsfrei- und terrassenfrei und unter Vermeidung von Totwassergebieten den Arbeitsspalt durchströmen muß. Außerdem sollte durch die konstruktive Gestaltung von Werkzeugkatoden versucht werden. Die Vorschubgeschwindigkeit auch bei boden- und querschnittsgestuften Wirkflächen unter Beibehaltung der eingestellten Parameter konstant zu halten.

- Eine für das jeweilige Bearbeitungsproblem gereinigte Elektrolytlösung bildet <u>eine</u> Voraussetzung für das Strömungsverhalten der Elektrolytlösung im Arbeitsspalt. Diese bisher wenig beachtete Forderung führte bei zu hoher Verschmutzung der Elektrolytlösung zu den so genannten Eckenkurzschlüssen.
Die Einhaltung der für den jeweiligen Elysiervorgang erforderlichen Reinigungsqualität der Lösung trägt zwar zur Minderung des Kurzschlussproblems bei, löst es aber nicht vollkommen.

[42] Wicht, H.: Thesen zur elektrochemischen Metallbearbeitung (ECM) und zu den elektrotechnologischen Kombinationsverfahren (EC-KV) aus [40] und [41].

- Es ist bekannt, daß die Mehrzahl der Kurzschlussfälle im Arbeitsspalt durch eine ungleichmäßige Verteilung der Elektrolytlösung zustande kommt.

Besonders verantwortlich dafür sind die durch Umlenkkanten und Erweiterungen des Querschnitts entstehenden Strömungstiefen, die in ihrer Häufigkeit und ihren Ausmaßen durch eine ungünstige Anordnung von Elektrolytschlitzen und Strömungskanälen unterstützt werden.

- Das hydrodynamische Verhalten einer Elektrolytlösung wird nicht durch eine optimale Anordnung von Strömungsschlitzen und Kanälen bestimmt. Eine optimal mögliche, gleichmäßige Verteilung einer Elektrolytlösung im Arbeitsspalt wird bereits vor Eintritt der Lösung in den Arbeitsspalt vorbereitet.

Durch spezielle Lenkungseinrichtungen, Vorverteilersystem und andere konstruktive Varianten ist die Elektrolytlösung auf den Eintritt in den Bearbeitungsspalt im Sinne einer optimalen Verteilung in den Arbeitsspalt zu beeinflussen.

- Die hydrodynamischen Aspekte beim konstruktiven Gestalten von Elysierkatoden und Vorrichtungen sind im Zusammenhang mit anderen technischen Gesichtspunkten, die sich entscheidend auf die Maß- und Formgenauigkeit, speziell bei Schmiedegravuren, auswirken können, zu sehen, denn eine weitere Erhöhung stellt an alle Einflussgrößen weitere höhere Anforderungen.

Die konstruktive Gestaltung von Elysierkatoden unter Berücksichtigung hydrodynamischer Aspekte wirkt sich dann nicht nur auf höhere Form- und Maßtreue sowie Wirtschaftlichkeit elysiergesenkter Formen aus, sondern erweitert außerdem auch noch die Anwendungsmöglichkeiten der Elysiertechnik und führt schließlich daneben auch noch zu neuen Verfahrensvarianten der ECM.

- Bei der konstruktiven Gestaltung von Werkzeugsystemen hat die Grundvoraussetzung zu gelten, diese ist ausgehend von theoretischen, allgemein gültigen Prinzipien sowie verschiedenartigen Aspekten der hydrodynamischen Strömung von Elektrolytlösungen und unter Berücksichtigung der experimentellen Untersuchungsergebnisse für die konstruktive Gestaltung von Werkzeugsystemen zum Elysieren von Raumformen, Durchbrüchen und Bohrungen unter Berücksichtigung vorzunehmen.

- Jede Elysierkatode, gleich zu welchem Zweck diese verwendet werden soll, muß in ihrem konstruktiven Aufbau berücksichtigen, daß das Strömungsverhalten einer Elektrolytlösung im jeweiligen Wirkspalt bereits vor dem Einströmen in diesen beeinflusst wird. Woraus folgt, daß nicht mehr von einer Katode schlechthin, sondern unter Berücksichtigung der hydrodynamischen Strömung von einem Werkzeugsystem gesprochen werden muß.

- Aus wirtschaftlichen und verfahrenstechnischen Gesichtspunkten muß diese Werkzeugsystem im Sinne eines störungsfreien Elysierverlaufes eine montierbare Vielzweckeinrichtung mit hoher Fertigungspräzision, unter Berücksichtigung der hydrodynamischen Strömung, einer langen Lebensdauer und ausgezeichnetem Stromübergang sein.

- Die Entwicklung von Werkzeugsystemen auf der Grundlage der hydrodynamischen Strömung ist so zu konzipieren, daß diese an einem Werkzeugträger austauschbar bzw. umschaltbar angebracht sind und dadurch möglichst viele und unterschiedliche Bearbeitungsprobleme unter der Verwendung optimaler Elektrolytlösungen gelöst werden können.

- Die konstruktive Gestaltung von Werkzeugsystemen auf der Grundlage der hydrodynamischen Strömung muß folgerichtig zur Erweiterung der Anwendungsmöglichkeiten führen und sollte aus wirtschaftlichen Gründen auf die bereits bestehenden und in der Praxis eingesetzten Elysieranlagen Rücksicht nehmen.

- Die Elektrolytkanäle bzw. Kanalsysteme in Werkzeugsystemen zum Elysieren von Raumformen, Durchbrüchen und Bohrungen müssen so angeordnet sein, daß die in den Arbeitsspalt einströmende Elektrolytlösung an allen Stellen des Einströmbereiches senkrecht auf die Werkstückoberfläche auftrifft, den Arbeitsspalt auf dem kürzesten Wege durchströmt und ohne Bildung von Strömungsriefen und Terrassen diesen verlässt.

- Jedes Werkzeugsystem besitzt nur eine zentrale Zuführung für die strömende Elektrolytlösung. Der minimale Durchmesser dieses zentralen Strömungskanals richtet sich nach dem Gesamtquerschnitt des Elektrolytkanals bzw. Kanalsystems.

Damit kontinuierlich und in ausreichendem Maße Elektrolytlösung über die gesamte Schlitzbreite senkrecht zur Bearbeitungsfläche durch den Elektrolytkanal bzw. das Kanalsystem strömen kann, sollte der Durchmesser des zentralen Strömungskanals größer als der Gesamtquerschnitt des Elektrolytkanals bzw. des Kanalsystems sein.

Die Wahl und Anordnung eines Strömungskanals bzw. Kanalsystems auf der Stirnfläche einer Elysierkatode eines Werkzeugsystems richtet sich nach der Form und dem Verwendungszweck des zu elysierenden Werkstückes.

- Katoden eines Werkzeugsystems zum Elysieren von Raumformen aller Gestalt und Abmessungen müssen hinsichtlich der konstruktiven Gestaltung des Strömungskanals bzw. Kanalsystems besonders sorgfältig behandelt werden.

- Die Anordnung, Form und Abmessung eines Strömungskanals bzw. Kanalsystems sowie seine Lage und Beschaffenheit bestimmen in erster Linie die Maß- und Formgenauigkeit und haben Einfluss auf die Oberflächenqualität des elysierten Werkstückes.

Deshalb sind alle Teilströmungskanäle Bohrung/Bohrung, Schlitz/Schlitz, Bohrung/Schlitz, Bohrung/Schlitz/Bohrung usw. miteinander so zu verbinden, daß diese ein Kanalsystem bilden. Außerdem ist größte Aufmerksamkeit der Gestaltung des Kanalsystems im Inneren der Katode des Werkzeugsystems zu widmen. Ferner muß die Elektrolytlösung unter gleichen Bedingungen an allen Stellen des Kanalsystems senkrecht zur Bearbeitungsfläche einströmen.

Diese Forderung kann aber nur verwirklicht werden, wenn die Elektrolytlösung, bevor diese in das Kanalsystem strömt, aus einer zum Werkzeugsystem gehörenden Kammer für sie diesem zugeführt wird.

- Elysierkatoden eines Werkzeugsystems zum Elysieren von Durchbrüchen aller Formen und Abmessungen sowie Durchgangsbohrungen sollten nur einen Strömungskanal haben. Dabei richten sich Größe und Form des Strömungskanals nach der Größe und Form des zu elysierenden Durchbruches.

Es ist anzustreben, daß die Katodenwirkfläche so klein wie möglich unter Berücksichtigung der Druckverhältnisse gehalten wird. Zur gezielten Verteilung der Elektrolytlösung ist es zweckmäßig, den Strömungskanal in seiner Form am Eingang der Katode des Werkzeugsystems der zu elysierenden Form anzupassen.

- Katoden eines Werkzeugsystems zum Elysieren von Sacklöchern aller Formen und Abmessungen sollten konstruktiv so gestaltet sein, daß der durch das Stegentfernen entstehende technische als auch zeitliche Aufwand gering wird.

Diese Forderung kann nur dann erfüllt werden, wenn die Stege ohne nennenswerten Radius in die Werkstückoberfläche übergehen und eine geringe Höhe haben.

Außer der konstruktiven Gestaltung des Strömungskanals wirken sich hauptsächlich Spannung, Vorschubgeschwindigkeit, Elektrolytzusammensetzung und Werkstoff auf die Form und die Abmessungen des Steges aus. Anstelle der bisher üblichen runden und im Zentrum der Katode des Werkzeugsystems angeordneten Bohrung sollte der schmale, bis an die Wirkflächenkante reichende Elektrolytschlitz treten.

- Besondere Beachtung sollte der Gestaltung des Kanalsystems in den Randgebieten der Katodenwirkfläche geschenkt werden, denn der Elektrolytlösungsschlitz darf nicht über die Kante der Katodenwirkfläche gezogen werden und sollte, ausgehend von der Elektrolytlösungskammer, senkrecht in Richtung der Katodenwirkfläche verlaufen.

Von gleicher Bedeutung ist die geometrische Anordnung des Kanalsystems auf der Katodenstirnfläche. Grundsätzlich sollte beachtet werden, daß das Kanalsystem im Zentrum der Wirkfläche angebracht und der Form der Katodenfläche angepasst wird.

- Bei querschnitts- und bodengestuften Stirnflächen sowie strömungsriefen- und terrassenfreien Flächen sind ohne Unterstützungshilfen zum Steuern, Regeln und Verteilen der strömenden Elektrolytlösung Elysierarbeiten mit hohen Maß- und Formgenauigkeiten sowie guten Oberflächenqualitäten nicht möglich.

- Bei einer querschnittsgestuften Katodenstirnfläche sollte das Kanalsystem so angeordnet sein, daß die Schlitze und Strömungskanäle die Forderung nach einer gleichmäßigen Versorgung der gesamten Wirkfläche erfüllen.

Die Anordnung und Lage des Kanalsystems unter Berücksichtigung dieser Forderung kann aber nur bei montierbaren Werkzeugsystemen erfüllt werden.

- Bei einer bodengestuften Katodenstirnfläche tritt der Umstand auf, daß der gestufte Teil später die Elysierspaltbreite erreicht. Die Elektrolytlösung würde so lange frei aus diesem Bereich strömen. Dadurch kann der bereits auf Elysierspaltbreite befindliche Teil nur ungenügend mit der Elektrolytlösung versorgt werden.

Ohne Unterstützungshilfen können solche Raumformen nur mit erheblichen Maß- und Formabweichungen elysiert werden. Es ist deshalb erforderlich, daß die Teile des Kanalsystems des gestuften Teils der Katodenwirkfläche so lange verschlossen werden, bis diese die Elysierspaltbreite erreicht haben.

- Bei sperrigen Katoden, die in ihren Abmessungen in Länge und Breite extrem verschieden sind, sollte die Elektrolytlösung vor dem Einströmen in den Arbeitsspalt durch die Leiteinrichtung vorverteilt werden. Eine solche Maßnahme macht sich besonders dann erforderlich, wenn der Elektrolytlösungsstrahl in Verlängerung des zentralen Strömungskanals auf die Werkstückoberfläche auftritt und sich nicht vorher über die gesamte Kanalsystembreite verteilen kann.

- Der Verschmutzungsgrad der Elektrolytlösung muß um so kleiner sein, je komplizierter die zu elysierende Raumform ist. Diese Forderung trifft besonders bei Raumformen mit kleinsten Form- und Maßtoleranzen zu.

- Durch geeignete Filter müssen diese Fremdkörper kurz vor dem Eintritt in den Wirkspalt abgefangen werden. Je kürzer der Weg vom Filter bis zum Einströmen der Elektrolytlösung in den Wirkspalt ist, desto größer ist die Wahrscheinlichkeit, daß keine Fremdkörper aus den Rohrleitungen bzw. dem Werkzeugsystem von der strömenden Elektrolytlösung mitgerissen werden.

- Die elektrochemische Metallbearbeitung hat sich in relativ kurzer Zeit zu einem vollwertigen Bearbeitungsverfahren entwickelt und wird zur Lösung volkswirtschaftlich bedeutsamer Bearbeitungsverfahren eingesetzt. Besonders bewährt haben sich das elektrochemische Senken, Entgraten, Kalibrieren und Polieren.

Zur Realisierung dieser Bearbeitungsaufgaben entstehen in zunehmendem Maße Sondermaschinen mit ausgeprägten Merkmalen der mechanisierten oder automatisierten Fertigung. In über eintausend deutschen Betrieben der metallverarbeitenden Industrie trägt die elektrochemische Metallbearbeitung zur Erhöhung der Arbeitsproduktivität, Verbesserung der Arbeits- und Lebensbedingungen, Qualität der Erzeugnisse und der Reduzierung körperlich schwerer Arbeit bei.

- Das Tempo dieser Entwicklung und die Modifizierung der elektrochemischen Verfahren bis hin zu serienreifen Anlagen wird weitgehend vom Vorhandensein hoch qualifizierter Fachkader bestimmt.

So haben sich in nahezu allen Industriestaaten Spezialisten auf den Gebieten der Grundlagenforschung, Verfahrensentwicklung und Konstruktion von Maschinen und Anlagen herausgebildet.

Aus den Literatur- und Patentrecherchen wird deutlich, daß sich dieser Kaderbestand auffällig schnell vergrößert.

- Wie bei allen neuen Verfahren, die naturgemäß mit mehr oder weniger Mängeln in die industrielle Praxis überführt werden, bilden sich erst nach einer längeren Praxiserprobung gesicherte Vor- und Nachteile heraus.

So steht heute fest, daß die Vorteile der elektrochemischen Metallbearbeitung in der Universalität des Verfahrens und deren Varianten, der Bearbeitbarkeit aller stromleitenden Werkstoffe unabhängig von ihren chemischen und physikalischen Eigenschaften, der relativ hohen Metallabtragsraten, der Mechanisier- und Automatisierbarkeit der Prozesse und der Verbesserung der Arbeits- und Lebensbedingungen begründet liegen.

Obwohl diese Vorteile nicht allen EC-Verfahren gleich stark ausgeprägt sind, wirken sie verbunden mit der Dringlichkeit einer effektiveren Fertigung schwer zu bearbeitender Werkstücke als Triebkraft für die schnelle Einführung der ECM-Technik.

- Immer klarer werden aber auch die Nachteile des elektrochemischen Metallabtrags sichtbar und führen auf einigen Arbeitsgebieten zur Einschränkung der Anwendung und zur Verzögerung ihrer weiteren Verbreitung.

So sind es vor allem der zur konventionellen Technik relativ hohe Stromverbrauch, die mit der Verfahrensentwicklung gewachsenen Anlagenkosten, die noch nicht zufrieden stellende Maß- und Formgenauigkeit, die Eigenschaftsänderungen elysierter Werkstoffoberflächen bezüglich ihrer Oberflächenverfestigung und schließlich die im gegenwärtigen Zeitpunkt sehr ernst zu nehmende Umweltverschmutzung durch die Reaktionsschlämme.

Aus dem Stand der Elysiertechnik zeichnen sich folgende Entwicklungstendenzen ab:

- Die in nahezu allen ECM-Anwenderländern erzielten hohen Steigerungsraten der Arbeitsproduktivität durch das EC-Entgraten und EC-Polieren lassen eine wesentliche Erweiterung dieser Verfahren auf ähnliche Bearbeitungsfälle und einer Erschließung neuer Einsatzgebiet erwarten. In diesem Zusammenhang ist der Trend nach einer Kopplung mit konventionellen Bearbeitungstechnologien erkennbar.

- Schneller als die elektrochemische Verfahrenstechnik und ihre Durchsetzung in der Praxis haben sich die Verfahrenskombinationen und ihrer Praxiswirksamkeit entwickelt. So sind es vor allem die im Vergleich zur EC-Technik höheren Stromausbeuten, breite Regulierbarkeit der Abtragprozesse auf einer Maschinenausstattung, höhere Produktivität und die weniger komplizierte Maschinenkonstruktion verbunden mit ihrer einfachen Kinematik.

- Durch das gleichzeitige, paarweise oder nachgestellte Wirken elektrochemischer, elektrischer, mechanischer und chemischer Abtragmechanismen bieten sich der Metallbearbeitung breite Regulierungsmöglichkeiten, die von der Fein- bis zur Grobbearbeitung reichen und nahezu alle Bearbeitungstechnologien umfassen.

- Das Interesse der metallverarbeitenden Industrie für diese kombinierten Verfahren liegt in der besseren Befriedigung ihrer Bedürfnisse verbunden mit den genannten Vorteilen begründet. Deshalb zeichnen sich immer klarer Verfahrensvarianten ab, die auf der Grundlage des kombinierten Metallabtrags beruhen.

Das kombinierte Schleifen, Entgraten, Senken, Honen, Schneiden und Drehen haben sich in zahlreichen Varianten in der Praxis bereits bewährt.

- Die Verfahrenskombination ´Anodenmechanische Metallbearbeitung´ beginnt sich in der Variante anodenmechanisches Schneiden mittels Band oder Scheibe zu einem flexiblen und leistungsstarken Bearbeitungsverfahren zu entwickeln.

- Die beim elektrochemischen Metallabtrag eintretenden Eigenschaftsänderungen besonders in den Mikrobezirken der Werkstoffoberfläche treten auch bei der anodenmechanischen Metallbearbeitung auf.

Je nach der Wahl der Verfahrensparameter können sie gedämpft oder stark hervorgehoben werden. Eine besonders effektive Technologie ergibt sich dann, wenn z. B. die ganze Breite der Regulierungsmöglichkeiten des Verfahrens genutzt wird.

- Die Aufmerksamkeit der Wissenschaftler anderer Disziplinen, wie zum Beispiel der Physik, Elektrotechnik, Oberflächenschutztechnik, Schweißtechnik und der Reibung und des Verschleißes richtet sich zunehmend auf die durch den elektrochemischen Metallabtrag entstandenen Eigenschaftsänderungen in den Oberflächenmikrobezirken.

Hier zeichnet sich die Verwertbarkeit der Elysiertechnik in einer ganz anderen Richtung ab. Gelten die erkannten Mängel als Nachteile der elektrochemischen Verfahren, so können sie für andere wissenschaftliche und technische Aufgaben eine neue Ausgangssituation zur Lösung von Diffusionsvorgängen, der Herabsetzung der Reibung und des Verschleißes und der Herstellung von besonders stabilen Schweißverbindungen schaffen.

Aus dem Stand der Elysiertechnik und des anodenmechanischen Trennens stromleitender Werkstücke mit einer rotierenden Metallscheibe, unter besonderer Beachtung werkstoff- und energiesparender Technologien, zeichnen sich folgende Entwicklungstendenzen ab:

- Die Vorschubgeschwindigkeit läßt sich mit annähernder Genauigkeit theoretisch vorausbestimmen, wenn die strömungsdynamischen Bedingungen erfüllt sind.

- Es entstehen gratfreie und für das elektrochemische Schneiden typische Schnittflächen, die in ihrer mikrogeometrischen Gestalt der Klasse „fein", entsprechen.

- Die Schnittflächen weisen für den Einsatz der Teile akzeptable Abweichungen zur Rechtwinkligkeit des Querschnittes auf, d. h. sie liegen mit 0,085 mm bzw. 0,032 mm im Toleranzfeld für eine zulässige Abweichung für Maße ohne Toleranzangabe.

- Die metallographisch untersuchte Werkstückoberfläche besitzt eine für elektrochemisch bearbeitete Werkstoffe typische Oberflächenstruktur. Diese entsteht durch die unterschiedliche elektrochemische Auflösbarkeit der an der Oberfläche des Werkstoffes vorliegenden Phasen.

- Die in der Oberflächenstruktur mittels Auger-Spektroskopie untersuchte vorgelagerte Schicht unterscheidet sich wesentlich vom Kerngefüge des Werkstoffes als auch von seiner Oberflächenstruktur. Die charakteristischen Merkmale einer solchen Schicht bestehen in der Verarmung des Eisens, Anreicherung von Kohlenstoff in Graphitform und im Vorhandensein von Schwefel und Chlor bis in Tiefen von 1 000 Å.

- Die Umfangsgeschwindigkeit der rotierenden Metallscheibe hat Einfluss auf die an den Metallgrenzflächen ablaufenden elektrochemischen Reaktionen. Eine Erhöhung der Scheibenumfangsgeschwindigkeit wirkt sich auf die Steigerung der Vorschubgeschwindigkeit aus.

Für die Praxis ergibt sich folgendes Fazit:

- Wie bei jeder elektrochemischen Anlage besteht eine EC-Tennmaschine aus drei Hauptgruppen: Trennmaschine, Stromversorgung und elektrische Steuerung sowie Elektrolytversorgung und –reinigung.

  Die Trennmaschine kann auf dem Konstruktionsprinzip einer Kreissäge, Bandsäge als Einfachschneidmaschine oder Mehrfachschneidmaschine aufgebaut sein. Die Anwendung richtet sich nach dem konkreten Bearbeitungsfall.

  Als Stromversorgung kann ein Hochstrom-Drehstromtransformator mit Silizium-Gleichrichterdioden verwendet werden. Die Steuerung erfolgt aus verfahrens- und sicherheitstechnischen Gründen nach dem Kopplungsprinzip zwangsgesteuert.

  Für die Gewährleistung eines automatisierten Ablaufs des Trennprozesses sind übliche Meß- und Kontrolleinrichtungen erforderlich.

  Die Elektrolytversorgung besteht aus einem Vorratsbehälter, einer Pumpe und Absetzeinrichtung.

  Bei Inbetriebsetzung der EC-Trennanlage strömt die Elektrolytlösung durch ein beiderseitiges Rohr- und Düsensystem, unter Einhaltung der strömungsdynamischen und strömungsmechanischen Forderungen für die Zuführung der Elektrolytlösung zur rotierenden Scheibe und zum Wirkspalt.

  Die Benetzung der rotierenden Metallscheibe mit einer strömenden Elektrolytlösung ist dabei nur möglich, wenn diese den Staudruck der Luft überwindet. Dazu ist eine bestimmte Strömungsgeschwindigkeit erforderlich.

  Die mit Reaktionsprodukten verunreinigte Elektrolytlösung wird in den Absetzbehälter gepumpt und durch Absetzen dieser Feststoffe gereinigt.

- Das elektrochemische Schneiden kann überall dort eingesetzt werden, wo der Werkstoff an seiner Grenzfläche und in seinem Gefüge durch Wärmeeinwirkung keine Änderung erfahren darf. Das trifft insbesondere auf solche Werkstoffe wie Molybdän, Wolfram, Nickel und auch Hartmetalle zu.

  Besonders geeignet ist das EC-Schneiden für Werkstoffe, die mit zerspanbaren Verfahren nicht oder nur schwer bearbeitbar sind. Das sind Chrom, hochwarmfeste Sonderlegierungen, Hartguss, Manganstahl u. a.
  Auch ist eine Verwendung beim gleichzeitigen Abschneiden mehrere Teile möglich.

- Durch relativ geringe Vorschubgeschwindigkeiten bleibt dieses Verfahren allerdings nur auf spezielle Anwendungsgebiete beschränkt.

- Vor jeder Anwendung des EC-Schneidens sollte deshalb eine allseitige Wirtschaftlichkeitsbetrachtung durchgeführt werden, unter Berücksichtigung der Entscheidungskriterien sowohl wirtschaftlicher Art (wie Anlagekosten, Betriebskosten, Werkzeugkosten und Materialkosten, Bearbeitungsgeschwindigkeit, Stückzahl, Losgröße) wie auch technologischer Art (wie Werkstückwerkstoff [einschließlich physikalisch-mechanischer Eigenschaften], Geometrie, Werkstückgröße, Werkstückstabilität, Oberflächenqualität, Bearbeitungsgenauigkeit, Funktionstüchtigkeit, Nachbehandlung, Korrosionsschutz, Nachfolgearbeitsgang, zulässige Gefügeänderung).

- Kommt es zu keiner eindeutigen Entscheidungsfindung, dann sollte der Weg über den Entscheidungsalgorithmus der technologischen Abgrenzung des Einsatzes abtragender Schneidverfahren gewählt werden.

- Jedes elektrotechnologische Verfahren wird in der Praxis nur soweit Anwendung finden, wie es gelingt, die Stromausbeute bei gleichzeitiger Senkung des Energieverbrauchs zu erhöhen. Die Ergebnisse der theoretischen Untersuchungen zeigen, daß sich mit steigender Spannung und Stromdichte die Vorschubgeschwindigkeit erhöht.

Eine solche Aussage ist für die Praxis zweifellos von Bedeutung, denn höhere Bearbeitungsgeschwindigkeiten im Sinne der Steigerung der Arbeitsproduktivität sind Permanent Aufgabe und Ziel der Forschung.

Wenn allerdings diese höhere Bearbeitungsgeschwindigkeit auf Kosten anderer Prozesse oder Nachwirkungen gehen, muß eine zusammenhängende Bilanz des Gesamtprozesses erfolgen.

- Aus den theoretischen Ableitungen ist zu entnehmen, daß mit jeder Metallabtragsrate ein bestimmter Energiebetrag verbunden ist und dieser mit der jeweils herrschenden Spannung und Stromdichte beschrieben werden kann.

- Positive Ergebnisse wurden beim elektrochemisch-elektrothermisch-mechanischen Schneiden u. a. von Kanülenrohren, Rohren unterschiedlicher Werkstoffe, Kolbenringträgern, Probekörpern für Werkstoffuntersuchungen, besonders dünnwandiger Werkstücke, Lüfterrädern erzielt.

Bei den ökonomischen Vergleichsrechnungen gilt weitestgehend folgenden:

- Für die Berechnung der Steigerung der Arbeitsproduktivität erweist sich die Zeitsummenmethode als zweckmäßig.

- Berechnungen weisen Steigerungen der Arbeitsproduktivität um ca. 300 % bezogen auf die jeweilige Basisvariante aus.

- Die Realisierungswürdigkeit kann durch das Ergebnis der Grenzlosgrößenberechnung beurteilt werden.

- Ergänzend dazu wirken die erzielte Einsparung von Arbeitskräften und die verbesserte Materialausnutzung.

- Verfahrensvorteil ist weiterhin, daß im Gegensatz zum bisherigen Trennen, Entgraten und Plandrehen das Werkstück beim ECETM-Schneiden in einem Arbeitsgang in fertig bearbeitetem Zustand die Anlage verlassen kann.

- Auf der Grundlage international gültiger Begriffe und Definitionen und der in der Elysierpraxis bekannten Kurzzeichen und Ergänzungssymbole wird vorgeschlagen, die elektrotechnologischen Verfahren nach Ursache und Wirkung des elektrochemischen, elektroerosiven und mechanischen Metallabtrags einzuteilen.

- Wird als Werkzeug (Katode) eine rotierende Metallscheibe verwendet, so entstehen aus diesem Vorschlag vier Grundverfahren, nämlich:

  - Elektrochemisches Schneiden ($EC_{Schn}$)
  - Elektroerosives Schneiden ($ED_{Schn}$)
  - Elektrochemisch-elektrothermisch-mechanisches Schneiden ($ECETM_{Schn}$)
  - Elektroerosiv-elektrothermisch-mechanisches Schneiden ($EEETM_{Schn}$).


Mit den nachfolgenden Tafeln auf den Seiten 23 bis 27 mit den Schemata, Prinzipskizzen und Anwendungsbeispiele zu der elektrochemischen Metallbearbeitung (ECM) und zu der elektrochemisch-elektrothermisch-mechanischen Metallbearbeitung (ECETMM) aus [40] und [41] sollen auf diesem Wege diese Verfahrensprinzipien dem Leser näher gebracht werden.


[48] Wicht, H.: Thesen zur elektrochemischen Metallbearbeitung (ECM) und zu den elektrotechnologischen Kombinationsverfahren (EC-KV) aus [40] und [41].

**Darstellung der Wirkmechanismen der EC-Kombinationsverfahren.**

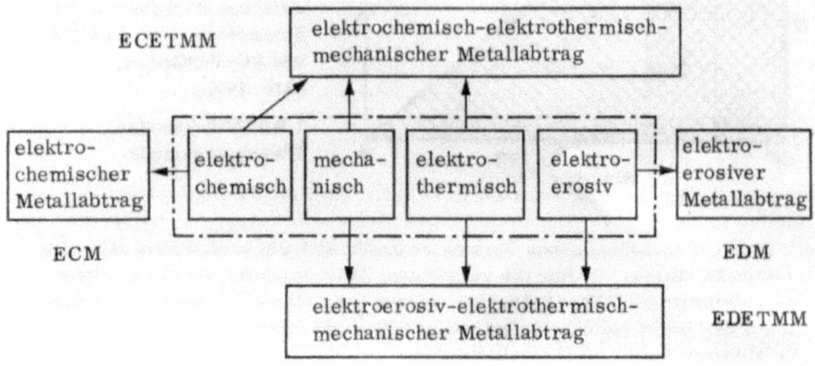


**Einordnung der elektrotechnologischen Verfahren.**

| Verfahren | Kurz-be-zeichnung | Ursache des Metallabtrags | Wirkung | Wirk-medium |
|---|---|---|---|---|
| Elektro-chemischer Metall-abtrag | ECM | Stromfluß in einer elektrolytischen Zelle | chemische Reaktionen an den Elektrodengrenz-flächen | Elektro-lyt-lösung |
| Elektro-erosiver Metall-abtrag | EDM | elektrische Ent-ladungsvorgänge zwischen den Elektroden | thermische Effekte in der Wirkspaltzone | Di-elektri-kum |
| Mecha-nischer Metall-abtrag | M | Umfangsgeschwin-digkeit der strom-leitenden Metall-scheibe | Abtransport der Reaktionspro-dukte aus der Wirkspaltzone | – |

## Symbolik der elektrotechnologischen Verfahren.

| Symbol | Bedeutung |
| --- | --- |
| | keine Vorschubbewegung |
| | Vorschub in einer Richtung |
| | Vorschub in beiden Richtungen |
| | Hin- und Herbewegung einer Elektrode in horizontaler Richtung |
| | Hin- und Herbewegung einer Elektrode in vertikaler Richtung |
| | der Elektrolytlösung wird das Gas beigemischt |
| | Elektrolytlösung wird durch Leiteinrichtungen verteilt |
| | Elektrolytlösung steht unter Gegendruck |
| | Ultraschall |
| | Erodieren |
| | EC-Schleifscheibe |
| | Stahlscheibe |
| | Band |
| | Elektroden berühren sich während des EC-Vorgangs nicht |

| Symbol | Bedeutung |
| --- | --- |
| | Elektroden berühren sich während des EC-Vorgangs |
| | Elektrolytlösung ohne Schleifmittelzusatz |
| | Elektrolytlösung mit Schleifmittelzusatz |
| | Elektrolytdruck unterhalb 0,04 MPa |
| | Elektrolytdruck oberhalb 0,04 MPa |
| | Elektroden sind nur durch einen Elektrolytfilm voneinander getrennt |
| | Elektroden berühren sich durch einen an der Katode angebrachten, nur geringfügig hervorstehenden und den elektrischen Strom nicht leitenden Werkstoff |
| | Katode dreht sich mit geringer Geschwindigkeit |
| | Katode dreht sich mit hoher Geschwindigkeit |
| | Kombination mit anderen Verfahren |
| | Katode bewegt sich mit hoher Geschwindigkeit um das Werkstück |
| | Werkzeug wird mittels Schwingungserregers in eine Hin- und Herbewegung versetzt |
| | der Bohrelektrode wird ein Schleifring zugeordnet |

**Verfahrensdarstellungen der elektrotechnologischen Verfahren.**

| | | | |
|---|---|---|---|
| *E C Bü* |  | | |
| 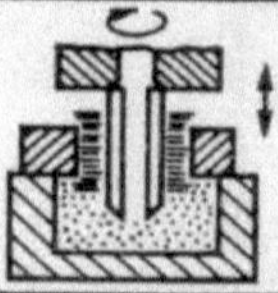 | *Schwer zerspanbare Werkstoffe* | *Sinterwerkstoffe-Feinstbearbeitung* | *Sinterwerkstoffe-Kalibrieren* |
| *E C Dr* |  | | |
| 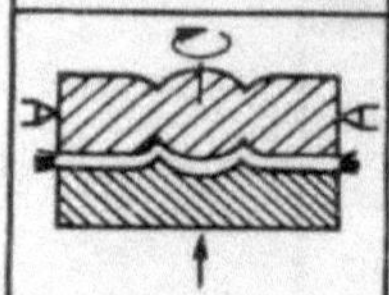 | *Werkstücke mit größeren Toleranzen* | *Werkstücke mit kleinen Toleranzen* | *Sinterwerkstoffe - insbesondere Profile* |
| *E C En* |  | | |
|  | *Formen aller Arten mit gleicher Grathöhe* | *Formen aller Arten mit unterschiedlichem Grat* | *Rotationssym. Teile mit unterschiedlichem Grat* |
| *E C Fei* | 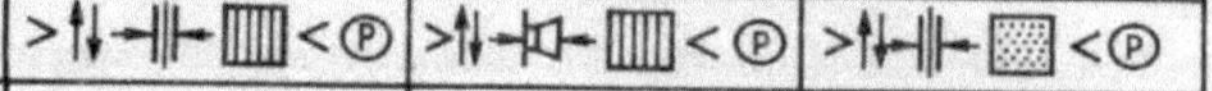 | | |
| 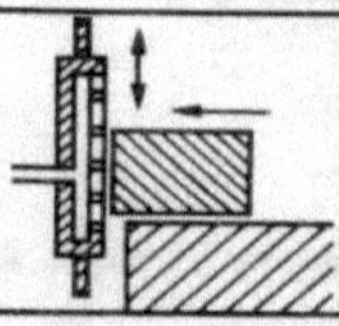 | *Flächen und einfache Formen* | *Flächen u. Formen höherer Genauigkeit* | *Kompl. Formen höherer Genauigkeit* |
| *E C Lä* |  | | |
|  | *Mech. schwer läppbare Werkstoffe*<br>*z.B.: Aluminium*<br>*ebene Flächen* | *Mech. schwer läppbare Werkstoffe*<br>*Chrom-Ni-Stähle*<br>*ebene Flächen* | *Mech. schwer läppbare Werkstoffe - ebene Flächen hohe Abtragleistung* |
| *E C Po* |  | | |
| 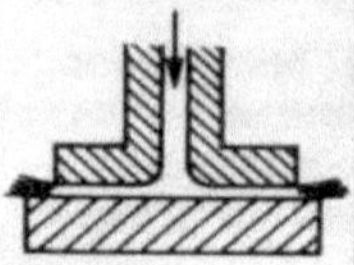 | *Raumformen*<br>*z.B.: Chrom-Ni-Stähle*<br>*Spritzgußformen* | *Bodenflächen*<br>*z.B.: Chrom-Ni-Stähle*<br>*Laufflächen für Lager* | *Boden und Mantelflächen*<br>*Schwer polierbare Werkstoffe* |

| E    C    Fr | 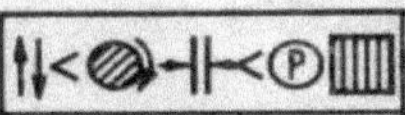 |  | 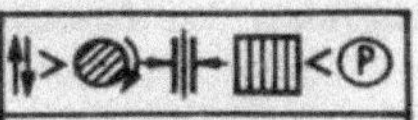 |
|---|---|---|---|
|  | Flächen u. Profile mit größeren Fertigungstoleranzen | Flächen u. Profile mit kleinen Fertigungstoleranzen | Flächen u. Profile mit kleinen Fertigungstoleranzen u. hoher Abtragsleistung |
| E    C    Gl | 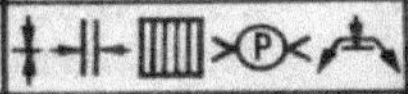 | 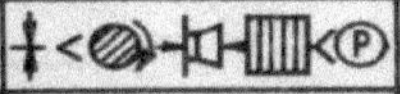 | 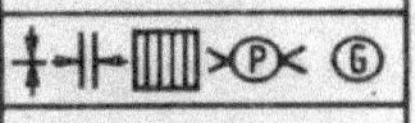 |
| 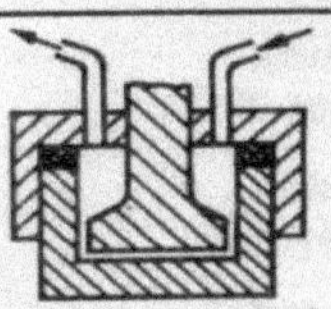 | Bodenflächen und Mantelflächen zur Qualitätsverbesserung | Bodenflächen und Mantelflächen für Laufflächen | Bodenflächen und Mantelflächen zur Qualitätsverbesserung |
| E    C    Hob | 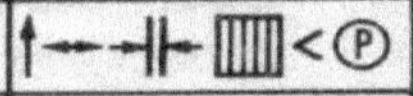 | 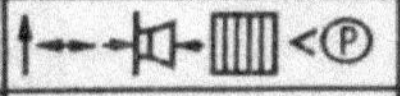 |  |
| 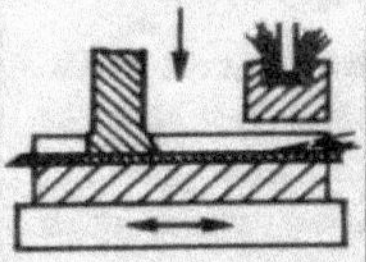 | Flächen und Profile mit größeren Fertigungstoleranzen | Flächen und Profile mit kleinen Fertigungstoleranzen | Flächen und Profile mit kleinen Fertigungstoleranzen und hoher Abtragsleistung |
| E    C    Ho | 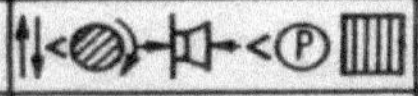 | 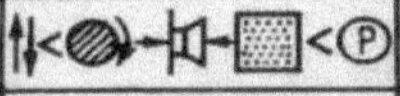 |  |
| 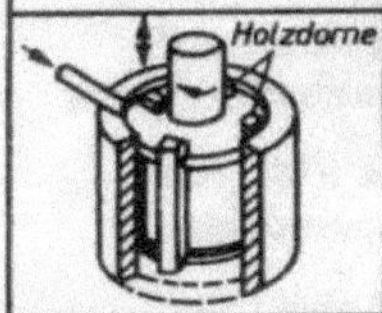 | Fertigbearbeitung von Bohrungen mittels Ziehsteinen | Fertigbearbeitung von Bohrungen mittels Holzdornen und eines freien Schleifmittels | Fertigbearbeiten von Bohrungen mit biegsamen Stahlblechen |
| E    C    Ka |  | 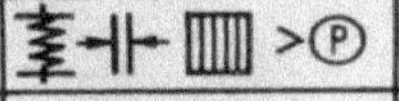 | 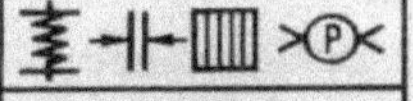 |
| 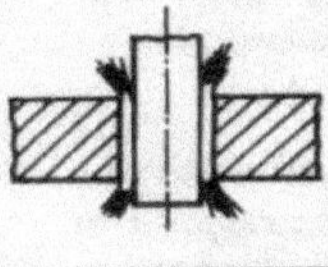 | Fertigbearbeitung von Außen- und Innenprofilen – insbesondere Bohrungen und Innenprofile | Fertigbearbeiten von Außen- und Innenprofilen – insbesondere Außenprofile | Fertigbearbeiten von Außen- und Innenprofilen Kurze Bearbeitungszeiten |
| E    C    Bo | 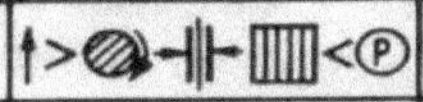 | 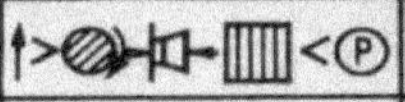 | 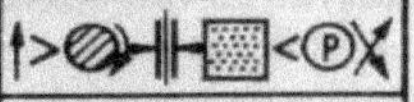 |
|  | Schwer zerspanbare Werkstoffe | Sinterwerkstoffe – insbesondere Profile | Sinterwerkstoffe – insbesondere Bohrungen |

| E  C  Se | | | |
|---|---|---|---|
| | Raumformen | Raumformen mit guten Oberflächen-qualitäten | Raumformen mit kleinen Fertigungs-toleranzen |
| | Harte u. gehärtete Werkstoffe | Harte u. gehärtete Werkstoffe | Harte u. gehärtete Werkstoffe |
| **E  C  Sch** | | | |
| | Hartmetallmeißel Hartmetallplatten | Profile in gehärteten Werkstoffen und Hartmetallen | Schliffe für Werkstoffunter-suchungen |
| **E  C  Tr** | | | |
| | Trennen von Werkstoffen aller Art | Trennen von großen Stahlblöcken | Trennen von Blechen und Platten |

# Literatur.

[1]  Autorenkollektiv: Allgemeine Geschichte der Technik von den Anfängen bis 1870, Leipzig: VEB Fachbuchverlag 1981.

[2]  Autorenkollektiv: Allgemeine Geschichte der Technik von 1870 bis etwa 1920, Leipzig: VEB Fachbuchverlag 1984.

[3]  Autorenkollektiv: Werkstoffe mit Zukunft, Leipzig/Jena/Berlin: Urania-Verlag 1977.

[4]  Lietzmann, K.-D.; Schlegel, J.; Hensel, A.: Metallformung – Geschichte, Kunst, Technik, Leipzig: VEB Deutscher Verlag für Grundstofftechnik 1984.

[5]  Beckert, M.: Welt der Metalle, Leipzig: VEB Fachbuchverlag 1977.

[6]  Beckert, M.:  Eisen – Tatsachen und Legenden, Leipzig: Deutscher Verlag für Grundstoffindustrie 1981.

[7]  Johannsen, O.: Geschichte des Eisens, Düsseldorf: Verlag Stahleisen m. b. H. 1952.

[8]  Klemm, F.: Technik – Eine Geschichte ihrer Probleme, Freiburg i. Br.: 1954.

[9]  Wussig, H.: Geschichte der Naturwissenschaften, Leipzig: Neue Edition 1982.

[10] Stölzel, K.: Gießerei über Jahrtausende, Leipzig: VEB Deutscher Verlag für Grundstoffindustrie 1984.

[11] Banse, G.; Wollgast, S.: Biographien bedeutender Techniker, Ingenieure und Technikwissenschaftler, Berlin: Volk und Wissen 1983.

[12] Conrad, W.: Erfinder – Erforscher – Entdecker, Leipzig/Jena/Berlin: Urania-Verlag 1972.

[13] Kurze, G.: Weltwunder des 20. Jahrhunderts, Leipzig: VEB Fachbuchverlag 1975.

[14] Paulisch, O.: Die Bronze brach den Stein, Technische Gemeinschaft, 27 (1979), H. 11, S. 33/34.

[15] Richter, S. H.: Zur Entwicklung der Fertigungstechnik als Technikwissenschaft, Beiträge zur Wissenschaftsgeschichte, Wissenschaft und Gesellschaft 1917-1945, Berlin: VEB Verlag für Wissenschaften 1984.

[16] Hornbogen, E.: Werkstoffe, Aufbau und Eigenschaften, Berlin/Heidelberg/New York: Springer-Verlag 1969.

[17] Spittel, M.: Metalle im Altertum (Tei 1 und Teil 2), Wissenschaft und Fortschritt, 15 (1965), H. 10, S. 440/444 und 15 (1965), H. 12, S. 537/542.

[18] Conrad, H.; Krampitz, R.: Elektrotechnologie, Berlin: VEB Verlag Technik 1983.

[19] Bernal, J. D.: Die Wissenschaft in der Geschichte, Berlin: VEB Deutscher Verlag der Wissenschaften 1961.

[20] Degner, W.; u. a.: Elektrochemische Metallbearbeitung, Reihe Betriebspraxis, Berlin: VEB Verlag Technik 1984.

[21] König, W.: Die Fertigungsmöglichkeiten ergänzen „Unkonventionelle Bearbeitungsverfahren“, Industrieanzeiger 106 (1984) H. 92, S. 29/30.

[22] Zacharias, P.: Elektrophysikalische und elektrochemische Abtragverfahren, Dissertation B, Technische Hochschule Otto von Guericke Magdeburg 1985.

[23] Weißmantel, Ch.: Was ist, was kann und was bringt Hochtechnologie?, Freie Presse – Heute für Morgen – 12. Juli 1985, S. 4.

[24] Mesenin, N. A.: Erzählungen über Eisen, Leipzig: VEB Deutscher Verlag für Grundstoffindustrie 1982.

[25] Engels, S.; Nowak, A.: Auf der Spur der Elemente, Leipzig: VEB Deutscher Verlag für Grundstoffindustrie 1982.

[26] Strube, W.: Der historische Weg der Chemie, Band 1 und Band 2, Leipzig: VEB Deutscher Verlag für Grundstoffindustrie 1977 und 1986.

[27] Sonnemann, R.; Richter, S.; Brentjes, B.: Geschichte der Technik, Leipzig: Neue Edition 1978.

[28] Rohr, B.; Wiele, H.: Lexikon der Technik, Leipzig: VEB Bibliographisches Institut 1986.

[29] Meyers Neues Lexikon, Band 3, Leipzig: VEB Bibliographisches Institut 1972.

[30] Meyers Lexikon, Band 3, Leipzig: Bibliographisches Institut.

[31] Meyers Konversations-Lexikon, Band 4, Leipzig: Bibliographisches Institut 1886.

[32] Piersig, W.; Wicht, H.; Marx, G.: Beitrag zur geschichtlichen Entwicklung der Werkstoffbearbeitung, Vortrag 5. Fachtagung „Elektrotechnologe", Technische Hochschule Otto von Guericke Magdeburg 1985.

[33] Sachse, M.: Damaszenerstahl – Geschichte, Legende und Wirklichkeit, Archiv Eisenhüttenwesen 49 (1978) H. 11, S. 521/526.

[34] Dettmering, W.: Eisen im System unserer Welt, Stahl und Eisen 95 (1975) H. 25, S. 1222/1228.

[35] Piersig, W.: ECM - Elektrochemische Metallbearbeitung und EC-Kombinationsverfahren, ein Beitrag zur Technikgeschichte anlässlich des 85. Geburtstag von Herrn Prof. Dr. rer. nat. sc. techn. Hans Wicht, Wissenschaftlicher Aufsatz, München: GRIN-Verlag; Archivnummer: V117592, 2008.

[36] Johannsen, O.: Biringuccios Pirotechnia, Braunschweig: Vieweg & Sohn 1925, Biringuccio, V.: Della pirotechnia Libri X, delle minere e metalli.

[37] Agricola, G.: De re metallica libri XII.

[38] Bernsdorf, G.: Auf heißen Spuren vom Schmieden, Löten, Schweißen, Leipzig: VEB Fachbuchverlag 1986.

[39] Piersig, W.: Erinnerungen an den 170. Geburtstag von Alexandre Gustave Eiffel und der Bau des Eiffelturms vor 115 Jahren, Collection deutscher Erzähler, Frankfurt/Main: R. G. Fischer Verlag 2004.

[40] Wicht, H.: Experimentelle Untersuchungen von Elysierkatoden, Dissertation A, Technische Hochschule Karl-Marx-Stadt 1971.

[41] Wicht, H.: Beitrag zum elektochemischen und elektrochemisch-mechanischen Schneiden, Dissertation B, Technische Hochschule Otto von Guericke Magdeburg 1980.

[42] Kubeth, H.: Der Abbildungsvorgang zwischen Werkzeugelektrode und Werkstück beim elektrochemischen Senken, Dissertation, TH Aachen 1965

[43] Heitmann, H. W.: Über die Ermittlung der optimalen Arbeitsbedingungen beim elektrochemischen Senken, Dissertation, TH Aachen 1966.

[44] Pirani, M., Schröter, K.: Elektrochemische Formgebung von harten metallischen Gegenständen, Metallkunde 16 (1914), H. 4, S. 132/133.

[45] Gusev, V. N.; Rožkov, L. A.: Avtorskoe svidetelstvo, SU-Patent Nr. 28 384 vom 21.03.1928.

[46] Gusev, V. N.: Method and Apparatus for the Electrolytic Treatment of Metals, British-Patent Nr. 335 003 vom 18.09.1930.

[47] Einsiedel, R.: Kunsthandwerkliche Kupferschmiedearbeiten, Leipzig: VEB Fachbuchverlag 1988.

[48] Wicht, H.: Thesen zur elektrochemischen Metallbearbeitung (ECM) und zu den elektrotechnologischen Kombinationsverfahren (EC-KV) aus [40] und [41].

**Vita des Autors.**

| | |
|---|---|
| Name: | Dr. Wolfgang Piersig |
| Geburtstag: | 12. Mai 1944 |
| Geburtsort und Schulbesuch: | Lessingstadt Kamenz (Sachsen) |
| Wohnort: | Berg- und Adam-Ries-Stadt Annaberg-Buchholz |
| Persönliche Verhältnisse: | verheiratet seit 1965 mit Frau Stefanie-Konstanze, Lochner, zwei Töchter. |
| Abschlüsse: | Schlosser (1961), BKW Heide-Wiednitz; Dipl.-Ing. (FH) für Kohleveredlung (1964), Berg-Ingenieur-Schule Senftenberg; Dipl.-Ing. für Werkstofftechnik (1972), Promotion zum Doktor-Ingenieur (1979), Hochschulpädagogik Stufe I und II (1980), Technische Hochschule Karl-Marx-Stadt; Technikgeschichte (1987), Technische Universität Dresden; |

**Veröffentlichungen des Autors:**

- *Adolf Martens – Erinnerungen an den Nestor der Materialprüfungen der Technik.*
  GRIN-Verlag; Archivnummer: V83903,
  ISBN (E-Book): 978-3-638-88760-1; ISBN (Buch): 978-3-638-90360-8.
- *Emil Heyn – Adam-Ries-Nachfahre, gewidmet dem Nestor zweier Technikwissenschaften Metallkunde und Metallographie.*
  GRIN-Verlag; Archivnummer: V84013,
  nur ISBN (E-Book): 978-3-638-87588-2.
- *Erinnerungen an den 170. Geburtstag von Alexandre Gustave Eiffel und Bau des Eiffelturms vor 115 Jahren.*
  GRIN-Verlag; Archivnummer: V83763,
  ISBN (E-Book): 978-3-638-88603-1; ISBN (Buch): 978-3-638-90513-8.
- *Vannoccio Biringuccio und die Pirotechnia – 525. Geburtstag des ersten Autors der Metallurgie.*
  GRIN-Verlag; Archivnummer: V83955,
  ISBN (E-Book): 978-3-638-88607-9; ISBN (Buch): 978-3-638-90372-1.
- *Ein Exkurs durch die bedeutendsten Weltausstellungen von 1851 bis 2005 für Fachleute, Interessierte und Laien.*
  GRIN-Verlag; Archivnummer: V83815,
  ISBN (E-Book): 978-3-638-88605-5; ISBN (Buch): 978-3-638-89274-2.
- *Die Palmenblattflechterei und das Castell de Capdepera auf Mallorca.*
  GRIN-Verlag; Archivnummer: V116704,
  ISBN (E-Book): 978-3-640-18703-4; ISBN (Buch): 978-3-640-18856-7.
- *ECM - Elektrochemische Metallbearbeitung und EC-Kombinationsverfahren - Ein Beitrag zur Technikgeschichte anlässlich des 85. Geburtstag von Herrn Prof. Dr. rer. nat. sc. techn. Hans Wicht.*
  GRIN-Verlag; Archivnummer: V117592,
  ISBN (E-Book): 978-3-640-19823-8; ISBN (Buch): 978-3-640-19833-7.

- *Emil Heyn. Nestor der Technikwissenschaften Metallkunde und Metallographie. Ein kurzer Auszug aus der Emil-Heyn-Chronik und Rückblick auf das am 6. und 7. Juli 2007, anlässlich des 140. Geburtstages von Emil Heyn, in der Berg- und Adam-Ries-Stadt Annaberg-Buchholz stattgefundene Emil-Heyn-Kolloquium.*
  GRIN-Verlag; Archivnummer: V120087,
  ISBN (E-Book): 978-3-640-23584-1; ISBN (Buch): 978-3-640-23588-9.
- *Henry Clifton Sorby – Begründer der klassischen Metallographie – Mit einem Abstract über die Herausbildung der Technikwissenschaft Metallographie, nebst Originalquellen, Schrifttumstipps, Literaturregister.*
  GRIN-Verlag; Archivnummer: V123320,
  ISBN (E-Book): ISBN: 978-3-640-27261-7; ISBN (Buch): ISBN: 978-3-640-27265-5.
- *Henry Bessemer und das Bessemern, mit einer Sammlung und Anlage von Veröffentlichungen darüber.*
  GRIN-Verlag; Archivnummer: V131002,
  ISBN (E-Book): 978-3-640-36415-2; ISBN (Buch): 978-3-640-36361-2.
- *Der Kristallpalast zu London, mit einer Vita zu Joseph Paxton, dem Architekten des Crystal Palace zu London, nebst einem Kurzbericht über die erste Weltausstellung London 1851. Beitrag zur Technikgeschichte. (1)*
  GRIN Verlag; Archivnummer: V132604,
  ISBN (E-Book): 978-3-640-38260-6; ISBN (Buch): 978-3-640-38312-2
- *Beitrag zur Entstehung und Entwicklung des Musicals.*
  GRIN Verlag; Archivnummer: V131395.
  ISBN (E-Book): 978-3-640-36639-2; ISBN (Buch): 978-3-640-36612-5.
- *Johann Bauschinger – Begründer der mechanisch-technischen Versuchsanstalten, mit dem Nachruf von Professor Adolf Martens und der Gedenkrede von Professor Friedrich Kick auf Professor Johann Bauschinger (1834-1893).*
  GRIN Verlag; Archivnummer: V132971,
  ISBN (E-Book): ISBN: 978-3-640-39292-6; ISBN (Buch): 978-3-640-39322-0.
- *Kompendium Papier – eine Chronologie mit einem umfangreichen Lexikon zu diesem alltäglichen Werkstoff.*
  GRIN Verlag; Archivnummer: V134334,
  ISBN E-Book): 978-3-640-40896-2; ISBN (Buch): 978-3-640-40940-2.
- *Der sächsische Lokomotivenkönig. Zum 200. Geburtstag des sächsischen Lokomotivenkönigs und Industriepioniers Richard Hartmann.*
  GRIN Verlag; Archivnummer: V137862,
  E-Book ISBN: 978-3-640-44585-1; ISBN (Buch): 978-3-640-44592-9.
  *Mikroskop und Mikroskopie - Ein wichtiger Helfer auf vielen Gebieten mit Definitionen, Geschichte, Daten, Literatur.*
  GRIN-Verlag; Archivnummer: V140522,
  ISBN (E-Book): 978-3-640-48209-2; ISBN (Buch): 978-3-640-48200-9.
- *Der Kristallpalast von London und sein Architekt Joseph Paxton. Der Glaspalast zu München.*
  *Beiträge zur Technikgeschichte (1).*
  GRIN-Verlag; Archivnummer: V141687,
  ISBN (E-Book): i. V.; ISBN (Buch): i. V.
- *Das Schmieden und die Schmiedekunst. Historisches zur Metallbearbeitung.*
  *Beiträge zur Technikgeschichte (2).*
  GRIN-Verlag; Archivnummer: V141883,
  ISBN (E-Book): i. V.; ISBN (Buch): i. V.

- *Geschmiedete blanke Waffen – Symbole der Macht, Kraft und Eleganz. Drahtherstellung.*
  *Beiträge zur Technikgeschichte (3).*
  GRIN-Verlag; Archivnummer: V141883,
  ISBN (E-Book): i. V.; ISBN (Buch): i. V.
- *Geschichtlicher Abriss zum Prägen von Metallmünzen.*
  *Beiträge zur Technikgeschichte (4).*
  GRIN-Verlag; Archivnummer: V141944,
  ISBN (E-Book): i. V.; ISBN (Buch): i. V.
- *Die sieben Metalle der Antike. Gold. Silber. Kupfer. Zinn. Blei. Eisen. Quecksilber.*
  *Beiträge zur Technikgeschichte (5).*
  GRIN-Verlag; Archivnummer: V141999,
  ISBN (E-Book): i. V.; ISBN (Buch): i. V.
- *Geschichtlicher Überblick zur Entwicklung von Bronzeglocken.*
  *Beiträge zur Technikgeschichte (6).*
  GRIN-Verlag; Archivnummer: V142071,
  ISBN (E-Book): i. V.; ISBN (Buch): i. V.
- *Aluminium - ein Metall mit kurzer Geschichte, aber mit großer Zukunft.*
  *Beiträge zur Technikgeschichte (7).*
  GRIN-Verlag; Archivnummer: V142299,
  ISBN (E-Book): i. V.; ISBN (Buch): i. V.
- *Henry Clifton Sorby - Adolf Martens - Emil Heyn.*
  *Die Nestoren der Technikwissenschaft Metallographie.*
  GRIN-Verlag; Archivnummer: V142300,
  ISBN (E-Book): i. V.; ISBN (Buch): i. V.
- *Geschichtlicher Überblick zur Entwicklung der Metallbearbeitung.*
  *Beitrag zur Technikgeschichte (8).*
  GRIN-Verlag; Archivnummer: i. V.,
  ISBN (E-Book): i. V.; ISBN (Buch): i. V.
- *Erinnerungen an den 170. Geburtstag von Alexandre Gustave Eiffel und der Bau des*
  *Eiffelturms vor 115 Jahren.*
  Collection deutscher Erzähler – Eine Anthologie neuer deutschsprachiger Autorinnen
  und Autoren, Band 3, Frankfurt/Main : R. G. Fischer Verlag 2004,
  ISBN: 3-8301-0633-5.
- *Emil Heyn – Nestor der Metallkunde und Metallographie.*
  Stahl und eisen 125 (2005) Nr. 6, 15. Juni 2005, S. 54/56.
- *Vannoccio Biringuccio und die Pirotechnia.*
  Stahl und eisen 126 (2006) Nr. 3, 15. März 2006, S. 96/98.
- *Gedenken zum 100. Todestag.*
  *Adolf Ledebur – Theoria cum praxi.*
  Stahl und eisen 126 (2006) Nr. 6, 19. Juni 2006, S. 104/106.
- *Annaberger Museumsnacht mit einem neuen Angebot.*
  *Emil Heyn zu Gast bei Adam Ries.*
  Stahl und eisen 126 (2006) Nr. 9, 15. September 2006, S. 98.
- *Adolf Martens.*
  *Erinnerungen an den Nestor aller Materialprüfungen der Technik.*
  Stahl und eisen 127 (2007) Nr. 3, 15. März 2007, S. 112/114.
- *Reminiszenzen an den Baubeginn des Eiffelturms vor 120 Jahren.*
  Stahl und eisen 127 (2007) Nr. 11, 7. November 2007, S. 170/174.

- *Zum 110. Todestag von Henry Bessemer.*
  *Henry Bessemer und sein Stahlgewinnungsverfahren.*
  Stahl und eisen 128 (2008) Nr. 3, 17. März 2008, S. 118/120.
- *100. Todestag von Henry Clifton Sorby.*
  *Henry Clifton Sorby gilt als Begründer der Metallographie.*
  Stahl und eisen 128 (2008) Nr. 6, 16. Juni 2008, S. 104/106.
- *175. Geburtstag von Johann Bauschinger – Begründer der mechanisch-technischen*
  *Versuchsanstalten.*
  Stahl und eisen 129 (2009) Nr. 6, 16. Juni 2009, S. 100/102.
- *Zum 200. Geburtstag des sächsischen Lokomotivenkönigs und Industriepioniers*
  *Richard Hartmann (1809-1878).*
  Stahl und eisen 129 (2009) Nr. 11, November 2009, S. 129/131.

Annaberg-Buchholz im Dezember 2009.

**Abstract.**

Das Buch zeigt auf, daß bekannterweise als Metallverarbeitung die Herstellung und Bearbeitung geformter Werkstücke aus Metallen nach vorgegebenen geometrischen Bestimmungsgrößen (unter Einhaltung bestimmter Toleranzen und Oberflächengüten) und deren Zusammenbau zu funktionsfähigen Erzeugnissen bezeichnet wird, und ebenso die Metallverarbeitung ein Teilbereich der Fertigungstechnik ist. Vermittelt wird ebenfalls, daß sie in den unterschiedlichsten Sparten von der Industrie und dem Handwerk, von der Schmuckherstellung über den Werkzeug- und Formenbau bis zum Fahrzeugbau, Maschinenbau, Schiffbau und Brückenbau wird betrieben. Herausgestellt wird ebenfalls, daß unterscheidet wird nach spanabhebenden (Bohren, Drehen, Fräsen, Schleifen, Sägen, Gewindeschneiden, Gravieren, Stanzen, Ätzen, etc.), nicht spanabhebenden (Schmieden, Biegen, Walzen, Ziehen, Prägen, Punzieren, Treiben, Gießen, etc.) und verbindenden (Schweißen, Löten, Kleben, etc.) Verfahren der Metallverarbeitung oder nach der Art des Metalls (z. B. Schwermetall, Leichtmetall, Nichteisenmetall und Edelmetall). Überdies nehmen die modernen elektrotechnologischen Metallbearbeitungsverfahren einen gewichtigen Platz ein.